植物染玩儿起来
——向自然借色彩

原草 李茜 著

海燕出版社
·郑州·

图书在版编目（CIP）数据

植物染玩儿起来：向自然借色彩 / 原草，李茜著.
郑州：海燕出版社，2025. 4. --ISBN 978 -7-5350-9868-9

Ⅰ. TS193.62

中国国家版本馆CIP数据核字第2025CR4076号

植物染玩儿起来
ZHIWU RAN WANER QILAI

出 版 人：李 勇		责任校对：王 达		
项目策划：郑 颖		责任印制：邢宏洲		
责任编辑：李禄林		摄 影：丁友明 李禄林		
装帧设计：李禄林 李艾迪		韩弘楠		
封面设计：韩弘楠		插 图：月半寒		

出版发行：海燕出版社
地址：河南自贸试验区郑州片区（郑东）祥盛街27号
网址：www.haiyan.com　邮编：450016
发行部：0371-65734522

经　　销：全国新华书店
印　　刷：河南新华印刷集团有限公司
开　　本：710毫米×1000毫米　1/16
印　　张：7
字　　数：140千字
版　　次：2025年4月第1版
印　　次：2025年4月第1次印刷
定　　价：39.00元

如发现印装质量问题，影响阅读，请与我社发行部联系调换。

序

植物染也叫草木染，是中国的一项非物质文化遗产，在中国有着悠久的历史。据记载，早在商周时期（约公元前1600年至公元前256年），中国就有使用植物染色的记录。《周礼》中提到了多种植物染料，如蓝草、茜草等。周朝还设有管理染色的官职——染草之官，又称染人。在秦代设有染色司，在唐、宋设有染院，在明、清设有蓝靛所等管理机构。

植物染取材于大自然中生长的植物的花、叶、根、枝、皮、壳、果、种子等，从中萃取天然染料为棉、麻、丝、羊毛等纺织品上色，这种利用植物染出的色彩仿佛给人们打开一个崭新的世界，让人们自觉爱上衣物、爱上色彩。

每个季节都有其特有的植物，植物染爱好者需了解自己所要用到的植物染材习性，也就是每种植物的文化属性和自然属性。植物染爱好者关注它们什么时候开花，什么时候落叶，什么时候结果，并及时采集或收集染材。有条件也可以自己种植月季花、指甲草、艾草等。

植物染取材于植物，色素天然、环保、健康，对土壤和水不会产生危害，但颜色容易随着时间的推移，尤其长时间在阳光下暴晒后有所淡化，淡化后可用原来的染材复染，也可用其他染材套染，重新获得浓重的颜色。

本书选用了16种植物的某个或某些部位做染材，像洋葱皮、石榴皮、核桃皮、竹叶、枇杷叶、乌桕叶等，都是比较容易得到的，而黄栌、苏木等因为植物生长的环境和采集部位的局限较难获得，可以到中药店购买。采集植物做染材，在采集中要注意不影响其生命发展，更不可毁坏性采集。

在具体染色过程中，郑州市管城回族区创新街花溪小学特意成立一个植物染工作室，购买器皿、存放染材，老师则和孩子们一起收集染材，让孩子们动手清洗，亲自参与染色过程。孩子们欢喜之心无以言表。在此，感谢创新街花溪小学全体师生，特别感谢王慧书记。在图片拍摄过程中，特意邀请到郑州日报社资深摄影记者丁友明老师，被染物后期制作的阿绿老师和乐者老师，一并感谢。

目前，植物染提倡的崇尚环保、崇尚自然的风潮正在悄然盛行。我们敬天惜物，以道法自然的信念执着地坚持纯天然的植物染来倡导慢生活、慢灵魂，用一份耐心和思索向传统致敬，向自然臣服。

这是一本具有植物审美的书，同时又可以作为一本植物染的实操工具书。在国内外植物染或草木染书籍方面具有独创性和前瞻性。它可以作为中小学特色课程用书，又可供对植物和植物染感兴趣的人士阅读和参考。

这本书名为《植物染玩儿起来》，一个"玩"字，更多考虑到的是初次接触植物染或浅接触植物染的朋友，希望大家从这本书中受到启发，在实践中得到想要的色彩。

原草　李茜

2025年2月27日

目　　录

枇杷：宋代的"小网红" ………………………… 1

紫藤：梦幻般的紫色花海 ………………………… 8

月季：春来春去不相关 …………………………13

艾草：端午节为什么挂艾草 ………………………19

莲：白莲花哪去了 ································· 25

国槐：和国家有关系吗 ························· 33

凤仙花：能染指甲的花 ························· 38

洋葱：流泪的故事 ······························· 44

石榴：为什么种观赏石榴 ······················ 50

紫甘蓝：一个人的心 ···························· 57

黄栌：这棵树冒烟了吗……………………63

核桃：是张骞带的货吗………………69

野菊花：江山代有菊花出………………74

乌桕：叶子为什么会变红………………80

竹：是树吗………………85

苏木：两个身份………………90

枇杷：宋代的"小网红"

植物和人一样，出名需要实力和运气。

枇杷因谁出名？让我们在传世典籍里寻找关于它的古诗。

唐代杜甫的《田舍》有"榉柳枝枝弱，枇杷树树香"，榉柳是枫杨树的古名。每年五月，枫杨树的花序下垂，枝条被坠得低低的，因此显得弱不禁风。与此同时，枇杷恰好果实累累，散发着诱人的果香，所以叫"枇杷树树香"。不过，那时枇杷是否作为水果享用不得而知。与杜甫同时代的司空曙收到朋友寄来的枇杷叶，特意写诗——《卫明府寄枇杷叶以诗答》答谢。其中有"倾筐呈绿叶，重叠色何鲜"的句子，这两句给人很强的画面感——满满一筐色泽新鲜的枇杷叶呈现眼前，干什么用？诗人没说。大概是因为枇杷叶有药用价值，在南北朝时期出版的医书《本草经集注》里有过记载。

历史的车轮继续向前，人们对于植物的认知越来越翔实。在宋代，枇杷便以水果的身份出现在了餐桌上。

初夏游张园

宋·戴复古

乳鸭池塘水浅深，熟梅天气半阴晴。
东园载酒西园醉，摘尽枇杷一树金。

这首诗的意思是：几只小鸭在池塘中或深或浅地嬉戏。岸上的梅子已经成熟。天气半晴半阴，不热不冷，让人感觉非常舒适。我是被张先生邀约的朋友之一。他的园子很大。我们在东园尽情豪饮，走到西园竟然有些醉了。黄色的枇杷像圆圆的金子挂在枝头，我们把它摘下当酒后水果，别有一番滋味。

枇杷的口味甜甜的，有一点点酸。能否当作解酒的"仙丹"，不清楚。在宋代，若论起植物在诗文中的"出镜率"，枇杷是当之无愧的"小网红"。梅尧臣、苏轼、陆游、范成大、杨万里、辛弃疾、邓深、戴复古等文人都为它写过诗。

依韵和行之枇杷（予送红梅与之）

宋·梅尧臣

五月枇杷黄似橘，谁思荔枝同此时。
嘉名已著上林赋，却恨红梅未有诗。

这首诗的意思是：五月的枇杷金黄金黄的，好似甘甜的橘子。此时，荔枝也刚好可以品尝。枇杷和荔枝的大名早早登上司马相如的《上林赋》。令人遗憾的是我最爱的傲霜红梅却没有写进去，不由得让我惆怅。

这首诗透露的信息是枇杷的原产地在中国，之所以名气大是因为司马相如的《上林赋》。

司马相如何许人也？他是西汉著名的辞赋家。他写过《子虚赋》。汉武帝刘彻在位时某天读到《子虚赋》时，以为是古人所写，叹息不能与作者生活在同一个时代，却被告知作者还活着。汉武帝立即召见。司马相如感激之余特意写了《上林赋》——

……于是乎卢橘夏熟，黄甘橙楱（còu），枇杷橪（rǎn）柿，亭奈厚朴（pò），梬（yǐng）枣杨梅，樱桃蒲陶，隐夫薁（yù）棣（dì），答遝（tà）离支，罗乎后宫，列乎北园。

其中"枇杷橪柿"的"橪"是橪枣树，"柿"是柿子树，"枇杷"是枇杷树；其中"答遝离支"的"答遝"是李子树，"离支"是荔枝树。

如此来说，枇杷在西汉小有名气，在唐代已经药用，在宋代红极一时。

枇杷叶染丝巾

枇杷树是常绿树,哪个季节都有叶子。不用保存,随用随采。枇杷叶煮水可以润肺止咳,枇杷叶也可以染布。同一棵树上的鲜叶和树下的落叶,染出的颜色并不相同,春天和夏天使用鲜叶或干叶染颜色也不尽相同,很是神奇。

材料和工具准备:

染材:枇杷鲜叶和枇杷干叶各200克(如果想得到更浓的染液,可增加染材克数)。

染色物:蚕丝丝巾4条(每条28克左右)。

媒染剂:明矾4克、绿矾4克。

工具:电磁炉2台、厨房用电子秤1台、过滤网筛1个、不锈钢长筷子1双、不锈钢盆2个、玻璃容器4个。

染前准备：

1. 清洗枇杷叶，并把枇杷叶剪成小片。
2. 丝巾入 40℃ 温水中浸泡至少 20 分钟。

染色步骤：

1. 提取染液：把枇杷鲜叶和枇杷干叶分别放进两个较大的不锈钢盆中加水没过叶子，同时开火，水开后转小火煮 30 分钟。
2. 过滤染液：将煮好的染液倒入过滤网筛中过滤，染液冷却至 50℃ 左右。过滤出的枇杷叶可以堆肥。
3. 将丝巾放入染液中浸泡 30 分钟，其间不时翻动，以使着色均匀。
4. 制作媒染液：将明矾和绿矾各分成 2 份，均分的 4 份染液分别放入 4 个温水盆中搅拌至溶解。
5. 浸泡：将浸泡过染液的 4 条丝巾分别放入 4 个媒染液盆中媒染至少 20 分钟，媒染越久颜色越重，其间需不时翻动，使着媒染均匀。
6. 清洗：取出丝巾，清洗多余浮色，至水清澈。
7. 晾晒：在遮阳通风处晾干。

◉ 枇杷叶染的丝巾

紫藤:梦幻般的紫色花海

四月的紫藤花如瀑布般呈现。

多么浪漫的紫藤花!咦,谁在花前叹息?多么蜿蜒的紫藤枝!咦,谁在树下哭泣?哦,原来是位身着汉服的美丽女子。她因孤单而叹息,因睹物而思人。美丽的紫藤之所以垂下花枝是因为有树干可依,轻盈的黄鸟之所以飞过花丛是因为有青枝可依……而她垂下的只有泪滴。这女子是谁?她是南北朝时期虞炎诗中的女子。

玉阶怨

南朝·虞炎

紫藤拂花树,黄鸟度青枝。
思君一叹息,苦泪应言垂。

这位宫中女子精神痛苦,情因景发,眼泪要流下来了。

以"紫藤"之名出现在古诗中,虞炎的《玉阶怨》算是较早的。到唐代,就有专门以紫藤为题来创作的诗歌。

紫藤树

唐·李白

紫藤挂云木,花蔓宜阳春。
密叶隐歌鸟,香风留美人。

　　这首诗的意思是:新鲜的紫藤花,在高高的云木上挂。在温暖的天气里,它开得多么艳丽。灵巧的鸟儿,在密密的叶子间躲藏。在和煦的阳光里,它唱得多么动听。婀娜的美人,在浓浓的花香里停下。在拂面的春风里,她闻得多么长久。

　　这首诗写出紫藤的鲜明特征。首句写出紫藤擅于"攀爬"的特性;二句写出开花时间;三句写出传粉者小鸟,吃饱喝足后藏在叶丛里自由歌唱;最后一句点名紫藤有香气,用花香留美人。

　　同是紫藤,仁者见仁,智者见智。

三月三十日题慈恩寺

唐·白居易

慈恩春色今朝尽,尽日裴回倚寺门。
惆怅春归留不得,紫藤花下渐黄昏。

　　这首诗的意思是:长安慈恩寺里的春花已经开过。我一整天留恋在寺院,最后倚在门口惆怅。春天去了,春花留不住。我在这棵紫藤树下一直逗留到黄昏还不肯离去。

　　古往今来的紫藤丝毫不在乎人们的评价。在盛开的季节,花儿不停地流动着、欢笑着、奔涌着。

紫藤染羊毛披肩

紫藤也叫藤萝,缠绕能力强,春季开花,紫色的蝶形花冠排列整齐,下垂开放,蔚为壮观。紫藤花可以做菜,紫藤的茎和叶可入药。紫藤花美,紫藤花瓣染出的颜色也很美,但与紫藤花瓣的紫色毫无关系哟!

材料和工具准备:

染材: 紫藤花 200 克(干花亦可)。

染色物: 羊毛披肩 2 条。

媒染剂: 蓝矾 2 克、绿矾 2 克。

工具: 电磁炉 1 台、厨房用电子秤 1 台、过滤网筛 1 个、不锈钢长筷子 1 双、不锈钢盆 2 个、玻璃盆 2 个。

染前准备:

披肩入约 40℃ 温水浸泡至少 20 分钟。

染色步骤:

1. 提取染液:紫藤花放进不锈钢盆中,加水没过紫藤花。开火,水沸腾后转小火煮 30 分钟。

2. 过滤染液:过滤后获得染液,染液冷却至 50℃ 左右。

3. 把 2 条披肩放入染液浸染 30 分钟,其间不时翻动,使着色均匀。

4. 制作媒染液:把蓝矾和绿矾分别放进 2 个温水盆中,搅拌至溶解。

5. 浸泡:把浸染过的披肩分别放进蓝矾和绿矾媒染液中媒染 30 分钟左右。其间不时翻动,防止染色不匀。

6. 清洗:清洗多余浮色,至水清澈。

7. 晾晒:在遮阳通风处晾干。

● 紫藤染的羊毛围巾

月季:春来春去不相关

月季的原产地在中国,它是中国十大传统名花之一,被誉为"花中皇后"。它的花形有单瓣和复瓣之分;花色丰富多彩,有黄、白、粉红、大红等,但多以红色为主。除冬季外几乎每月都开,因此叫月季、月月红和四季花等。自古就有人为月季写诗,比如大名鼎鼎的苏轼。

月季

宋·苏轼

花落花开无间断,春来春去不相关。
牡丹最贵惟春晚,芍药虽繁只夏初。
唯有此花开不厌,一年长占四时春。

这首诗的意思是:月季不停地花落花开,从不间断;春来春去跟它毫不相关。富贵的牡丹仅仅开在晚春时节,繁华的芍药只开在夏初时节。只有月季仿佛开不厌似的,一年四季开个没完。

这首诗的字里行间充满着作者对月季的喜爱和赞美。虽然有花落,却更有花开,且从不间断。春天来时,无数草木开花。春天走后,无数花跟着走了。只有月季不在乎春来春去，笃定地盛开。

无独有偶，苏门四学士之一的张耒（lěi）也喜欢月季。

月季

宋·张耒

月季只应天上物，四时荣谢色常同。
可怜摇落西风里，又放寒枝数点红。

这首诗的意思是：月季应该属于天上的尤物，在四季中盛开和凋谢，花色自始至终不改变。遗憾的是西风偏偏将它摇落，然而短暂的沉默后它又在寒枝上绽放红花数朵。

开头"月季只应天上物"一下把它夸到天上去，它之所以当得起"天上物"的美名，是因为它"又放寒枝数点红"。月季具有不惧寒冷、按月绽放的高贵品质。

用月季花瓣染儿童遮阳帽

月季因为其几乎月月开花被称为"月月红",花色以红色为主,黄、白、粉也很多见。月季耐寒耐旱,喜欢阳光,适应能力强,分布在很多省份。月季花瓣染出的颜色却不似它们的花朵那么艳丽,是不是很意外?

材料和工具准备:

染材: 月季花干花瓣 200 克(鲜花瓣亦可)。

染色物: 儿童棉质遮阳帽 2 顶、丝巾 4 条。

媒染剂: 明矾 2 克、绿矾 2 克。

工具: 电磁炉 1 台、厨房用电子秤 1 台、过滤网筛、不锈钢盆 1 个、不锈钢长筷子 1 双、玻璃盆 2 个。

染前准备:

1. 把月季花干花瓣入清水中浸泡 20 分钟。

2. 帽子入约 40℃ 温水中浸泡至少 20 分钟。

染色步骤:

1. 提取染液:盆中放入月季花瓣,倒入清水没过花瓣,开火煮至沸腾后转小火继续煮 30 分钟。

2. 过滤染液:过滤染液到盆中,冷却至 50℃ 左右。

3. 把浸泡过的 2 顶帽子放进染液中浸染 30 分钟,其间用长筷子不时翻动,使着色尽量均匀。

4. 制作媒染液:2 个玻璃盆中分别倒入温水,把明矾、绿矾分别放入 2 盆清水中,充分搅拌使其溶化,获得媒染液。

5. 浸泡:把染色后的 2 顶帽子分别放入两种媒染液中 20 分钟,不时翻动使媒染均匀;用同样的媒染剂染丝巾,染出不一样的色彩。

6. 清洗:取出帽子,清洗浮色,至水清澈。

7. 晾晒:在遮阳通风处晾干。

◉ 月季花瓣染的儿童遮阳帽

◉ 月季花瓣染的丝巾

艾草：端午节为什么挂艾草

五月五，是端午
插艾叶，悬菖蒲
粽子香，香囊鼓
龙舟下水，擂战鼓
这端午，那端午
处处是端午。

这是一首名为《过端午》的儿歌。端午节有两千多年的历史，相传是为纪念屈原而产生。儿歌里的艾叶是艾草。在古代，端午节为什么插艾草而不是别的植物？艾草是从屈原死后才开始被记载的吗？

不是的，艾草也叫艾，原产中国，早在屈原之前，艾草就和人们的生活息息相关。

诗经·王风·采葛

先秦·无名氏

彼采葛兮，一日不见，如三月兮！
彼采萧兮，一日不见，如三秋兮！
彼采艾兮，一日不见，如三岁兮！

这首诗的意思是：你去采葛藤，一天看不见你，我感觉隔三月之久。你去采青蒿，一天看不见你，我感觉隔三个秋天之久。你去采艾草，一天看不见你，我感觉隔三年之久。

这是一首表达思念的诗。我们常说"一日不见，如隔三秋"的八字成语就出自这里。诗中的艾草或以蔬菜或以药物的身份出现。

二百多年后，艾草因为屈原的离世而富有特殊意义。

屈原是中国历史上第一位伟大的爱国诗人，也是战国时期楚国的政治家。他提倡的改革触及贵族阶层的利益，遭到诽谤后被流放。当他听说楚国都城被秦军攻陷，非常悲痛，怀石自沉于汨罗江，以身殉国。那天是农历五月初五，已经入夏。当地百姓听说后，纷纷向江里投粽子、艾草以保全他。为什么选择艾草，也许是因为它有气味，可以吓跑水中的小鱼小虾，以便给渔民们争取时间打捞屈原。此后，每年端午节都兴起挂艾草、吃粽子的习俗，直到今天。

端午即事

宋·文天祥

五月五日午，赠我一枝艾。
故人不可见，新知万里外。
丹心照夙昔，鬓发日已改。
我欲从灵均，三湘隔辽海。

这首诗的意思是：五月五日端午节，有人赠我一枝艾草让我浮想联翩。多年的朋友我一个都看不见，知心的朋友远在万里外。往日能够为国尽忠的人，现在白发苍苍。我想从屈原那里得到些许安慰，哪知道相隔三湘实在遥远，空留下我的心愿无处安放。

除了纪念屈原外，端午节挂艾草还有另一个原因。俗话说"端午到,五毒醒"。端午节前后,五毒喜欢串门。古人认为门上挂艾草就能辟邪,而且有平平安安、大吉大利的意思。

五毒是什么?它们是蜈蚣、毒蛇、蝎子、壁虎和蟾蜍。

它们怕艾草吗?

未必。

艾草虽然清香,但是生吃味道极苦。兴许五毒讨厌它的气味,才退避三舍。

由此得知,艾草和相思有关,和屈原有关,和端午有关。

春天来了,艾叶可食用、药用,还可做染材染衣物。夏天佩戴上艾草制作的香包,周身散发着阳光、清风和艾草香。行走间恍若屈原笔下的"香草美人",岂不乐哉。

艾草染布制作香包

艾草可谓是端午的标配之一。端午在门上挂艾草可辟邪,用晒干的艾草做香包的香料,可驱蚊虫,艾草青团是常见的传统节日美食……艾草药用广泛,又是植物染的好材料。艾草开花时节,可采集它的茎和叶用来染布。明矾和绿矾媒染,分别是淡黄色和墨绿色。

国槐幼嫩的花蕾被称为槐米或槐花米,是经典的染材之一,过去人们常用槐米染出黄布在端午前为婴幼儿做绣着"五毒"的贴身穿的肚兜和小鞋子。槐米加蓝染又可染出绿色。槐米也有凉血止血、清肝明目、降低血糖血脂等药用价值。

材料和工具准备:

染材: 鲜艾叶 500 克(干艾叶亦可)。

染色物: 2 块白色棉布。

媒染剂: 明矾 3 克、绿矾 3 克。

工具: 电磁炉 1 台、厨房用电子秤 1 台、熨斗、过滤网筛 1 个、不锈钢长筷子 1 双、不锈钢盆 2 个、玻璃盆 2 个、针线 1 套。

染前准备:

1. 清洗艾叶上的浮尘。

2. 白色棉布入约 40℃ 温水浸泡至少 20 分钟。

染色步骤:

1. 提取染液:盆中放入艾叶,倒入清水没过叶子,开火煮至沸腾后转小火继续煮 30 分钟。

2. 过滤染液:过滤染液到盆中,冷却至 50℃ 左右。

3. 把浸泡过水的棉布放进染液中浸染 10 分钟,其间用长筷子不时翻动,使着色尽量均匀。

4. 制作媒染液:把浸泡着棉布的染液放置电磁炉上,开火煮染

20分钟后取出清洗，重新放入再次煮染20分钟。

5.2个玻璃盆中分别倒入温水，把明矾、绿矾分别放入2盆清水中，充分搅拌使其溶化，获得媒染液。

6. 浸泡：把染色后的2块棉布分别放入两种媒染液中20分钟，不时翻动使媒染均匀。

7. 清洗：取出煮染过的棉布，清洗多余浮色，至水清澈。

8. 晾晒：在遮阳通风处晾干。

把染好的2块棉布熨烫平整，用干艾叶做填充物，用染好的棉布制作成香包。

◉ 艾草制作的香包

莲：白莲花哪去了

莲又叫荷、水芙蓉、菡萏等，因其部位不同叫法各异。水上的叶叫莲叶、荷叶；花叫莲花、荷花；花后结的果叫莲蓬、莲房、莲子。水下的根叫莲藕、藕，刚长出的藕叫藕尖、莲尖。莲是中国十大传统名花之一，早在周代就普遍种植。

诗经·山有扶苏

先秦·佚名

山有扶苏，隰（xí）有荷华。
不见子都，乃见狂且（jū）。
山有桥松，隰有游龙。
不见子充，乃见狡童。

这首诗的意思是：山上有粗壮的桑树，池里有洁净的荷花。我没见到子都美男子啊，偏偏遇见你这个小狂徒。山上有挺拔的青松，池里有丛生的红蓼。我没见到子充美男子啊，偏偏遇见你这个美娇的少年。

诗中的"荷华"是荷花、莲花，比喻年轻貌美的女子。

莲花之美，美在洁净。周敦颐在《爱莲说》中大胆表白"予独爱莲之出淤泥而不染"。莲花出自淤泥，却不染污浊，是"高洁"和"清廉"的象征。

池上

唐·白居易

小娃撑小艇,偷采白莲回,
不解藏踪迹,浮萍一道开。

这首诗的意思是:刚刚绽放的白莲花不见了,只有花梗孤零零地杵着天空。池中的浮萍在水面缓缓游动,似乎在暗示什么。现在,谁将它们分开成一道弯弯曲曲的水路?原来是水路尽头的小船。小男孩正在快乐地划桨。船头放着的正是那朵白莲。

莲不仅花美,叶子也美。

江南

汉·佚名

江南可采莲,莲叶何田田,鱼戏莲叶间。鱼戏莲叶东,鱼戏莲叶西,鱼戏莲叶南,鱼戏莲叶北。

这首诗的意思是:江南的水上可以采莲,莲叶多么茂盛呀,鱼儿在莲叶中间游玩。鱼儿在莲叶东边游玩,鱼儿在莲叶西边游玩,鱼儿在莲叶南边游玩,鱼儿在莲叶北边游玩。

万物皆有时间边界,莲花虽然美,终究要凋谢。莲花的谢幕并不让人感伤,因为崭新的莲蓬和莲子即将登场。

莲子：实心实意

和莲藕的多心眼不同，莲子颗颗饱满、实心实意，并且含有绿色的莲子心。莲子心有点苦。它是种子的胚芽和胚根。新采的莲子又嫩又脆，可生吃、熟吃。

采莲子

唐·皇甫松

船动湖光滟滟秋，贪看年少信船流。
无端隔水抛莲子，遥被人知半日羞。

这首诗的意思是：在湖光潋滟的湖面，一位姑娘荡着小船正在采莲。此刻，她双手麻利地剥着莲子，任凭小船随波逐流，眼睛却偷偷瞄着岸上少年。她没来由地抓起一把剥好的莲子向他掷去，忽然感觉被远处的旁观者一眼看穿心思，竟然脸红，害羞大半天。

莲子长老后，莲子心变得更苦，而且越老越苦。

莲蓬：空空如也

颗颗莲子摘下后，莲蓬空空如也。古人给空空的莲蓬起名叫莲房。顾名思义，它是莲子的房间。古人拿它制作美食。宋代林洪在李春坊的家宴中吃过，并且当下赋诗。

莲房鱼包

宋·林洪

锦瓣金蘂织几重，问鱼何事得相容？
涌身既入莲房去，好度华池独化龙。

这首诗的意思是：莲蓬是用美艳的花瓣和金色的花托编织而成。请问鳜鱼为何与它融为一体？鳜鱼呀，你奔腾般涌进莲房，原来是表演鱼跃龙门。你纵身跳入华美的碧池，瞬间化作一条龙！

诗中的莲蓬比喻主人的宅邸，暗示主人是一条龙。李春坊读罢大喜，于是赠送端砚、龙墨。

后来每逢莲子成熟，就有人拿莲房当作天然小蒸笼，欣然烹饪一道美味的莲房鱼包菜。

莲蓬染真丝衬衣

材料和工具准备：

染材： 干莲蓬 200 克（鲜莲蓬亦可）。

染色物： 真丝上衣、袜子。

媒染剂： 明矾 2 克。

工具： 剪刀 1 把、电磁炉 1 台、厨房用电子秤 1 台、过滤网筛、不锈钢盆、玻璃盆 1 个、不锈钢长筷子 1 双。

染前准备：

1. 用剪刀把莲蓬剪成小块。

2. 把剪成小块的莲蓬入水浸泡 20 分钟。

3. 衬衣入约 40℃ 温水中浸泡至少 20 分钟。

染色步骤：

1. 提取染液：浸泡莲蓬的水盆置于电磁炉上开火煮，至沸腾转小火煮 30 分钟。

2. 过滤染液：过滤出莲蓬残渣，把染液倒入玻璃盆中，冷却至 50℃ 左右。

3. 把浸泡过的真丝上衣放进染液中浸染 30 分钟，其间用长筷子不时翻动，使着色尽量均匀。

4. 制作媒染液：把明矾放进温水中充分搅拌，获得媒染液。

5. 浸泡：把染色后的衬衣放进媒染液 20 分钟，不时翻动使媒染均匀，染袜子为同样的方法。

6. 清洗：取出衬衣，清洗多余浮色，至水清澈。

7. 晾晒：在遮阳通风处晾干。

◉ 莲蓬染的真丝衬衣

◉ 荷叶染的棉袜子

国槐：和国家有关系吗

槐树又叫国槐。名字里的"国"和国家有关系吗？

成年的槐树树冠高大，宛如巨大的遮阳伞，因而被乡野和宫廷重视。槐树是钱财的象征。"门前一棵槐，财源滚滚来"的俗语就是证据。

周朝的朝堂不像电视剧里演得那么气派，兴许是遮阳伞模样的宫殿。三公大臣不能和君王同挤在一个屋檐下办公，大热天的没地儿去，于是他们站在天然的"遮阳伞"下与君王商议国事。

周礼·士师/朝士（节选）

周公旦（周公）

朝士掌建邦外朝之法。左九棘，孤、卿、大夫位焉，群士在其后。右九棘，公、侯、伯、子、男位焉，群吏在其后。面三槐，三公位焉，州长众庶在其后。

这段话的意思是：朝士负责建立王国的外朝之法。左边种九棵棘树，是孤、卿、大夫们的朝位，群士的朝位在他们后边。右边种九棵棘树，按照爵位排列，依次是公、侯、伯、子、男的朝位，群吏的朝位在他们后边。最前边的三棵槐树，是三公朝位，州长与民众代表的朝位在他们后边。

这是《周礼》记载的三棵槐树的站位。它让人好奇，周代的宫殿是先找三棵大槐树,然后再建造的吗?不然群臣上朝没有参照物呀。后来人们用"三槐"指太师、太傅、太保,而"三槐"成为周代最高官职的合称,也是权力的象征。如"槐鼎"指三公或三公之位,"鼎"的意思是国之重器,后来泛指执政大臣;"槐位"指三公之位;"槐卿"指三公九卿;"槐府""槐邸"指三公的宅邸。此后,历代的人们都喜欢在自家院子种槐树,期盼家中能出栋梁之材。这是"国槐"名字的由来。

每年六月,槐树绿叶丛中的小花蕾细小如米,因此叫槐米。等槐米盛开且香气绕鼻之际,就到了"槐花黄,举子忙"的时节。准备应考的举人或忙于向人推荐自己的佳作,或忙于结交达官显贵。有诗为证——

芗林五十咏·槐阴墅

宋·杨万里

阴作官街绿,花催举子黄。
公家有三树,犹带凤池香。

芗(xiāng)林:向子諲(yīn)的私家园林。墅(yì):道路。

这首诗的意思是,官道上的槐树绿意盎然,盛开的槐花使得举子们忙碌不已。三公的院子应接不暇,如同皇家凤凰池的香气让人依依留恋。

由此可见,古代的槐树和人们的地位与仕途挂钩。

槐树的适应能力强,在南方和北方都能生长。槐花开放,绿叶如羽。黄白色的花袅袅盈盈地向四周输送香气。秋天的槐豆可入药。《本草纲目》中记载"槐实味微苦",久服可"明目益气"。有人把煮熟的槐豆放在阳光下暴晒,据说晒干后可以冲茶泻火。

另外,玉树临风的"玉树"指的也是槐树,古人以迎风的槐树形容翩翩美少年。

槐米染儿童连衣裙

国槐幼嫩的花蕾被称为槐米或槐花米,是经典的染材之一。过去人们常用槐米染出黄布在端午前为婴幼儿做绣着"五毒"的贴身穿的肚兜和小鞋子。槐米加蓝染又可染出绿色。槐米也有凉血止血、清肝明目、降低血糖血脂等药用价值。

材料和工具准备:

染材: 槐米 300 克。

被染物: 白色纯棉儿童连衣裙一条。

媒染剂: 明矾 3 克。

工具: 电磁炉 1 台、厨房用电子秤 1 台、过滤网筛、不锈钢盆、玻璃盆 1 个、不锈钢长筷子 1 双、细麻绳或者皮筋若干。

染前准备：

1. 用捆扎法在连衣裙裙摆处扎结。

2. 浸泡在40℃温水中至少20分钟。

染色步骤：

1. 提取染液：盆中放入槐米，倒入多半盆水，开火煮至沸腾后转小火继续煮30分钟。

2. 过滤染液：过滤染液到玻璃盆中，冷却至50℃左右。

3. 把浸泡过的裙子放进染液中浸染30分钟，其间用长筷子不时翻动，使着色尽量均匀。

4. 制作媒染液：玻璃盆中分别倒入温水，把明矾放入盆中，充分搅拌使其溶化，获得媒染液。

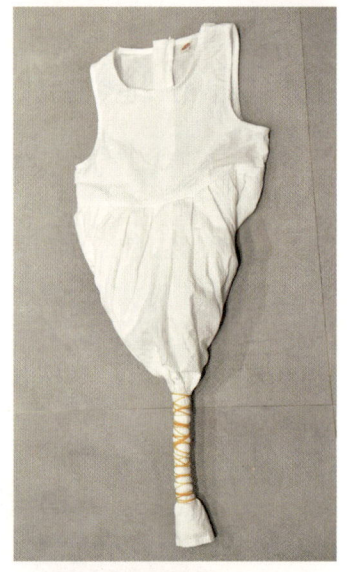

5. 浸泡：把染色后的裙子放入明矾媒染液中20分钟，其间不时翻动使媒染均匀。

6. 清洗：取出裙子，清洗多余浮色，至水清澈。（不要用手拧出多余水分，而是要水分自然滴落）

7. 晾晒：在遮阳通风处晾干。

为了物尽其用，将过滤出的槐米残渣摊开晾干，之后可复用染出较浅的颜色，或与苏木、茜草残渣等同煮染出橙色，也可用于堆肥。

◎ 槐米染的儿童连衣裙

凤仙花：能染指甲的花

指甲花能染指甲，因此得名。它的另一个名字叫凤仙花。

清代的《广群芳谱》里记载它花开时"头翅尾足俱翘然如凤状"，意思是说，花看起来宛若有头、翅膀、尾巴和双足的凤凰，因此叫凤仙花。这本同时具有植物学和农学知识的书籍是明末的王象晋完成的。他入清后隐居不仕。他死后由汪灏将此书重新增删、改编成一本传世典籍。凤仙花名字的由来是这本书解释的。不过它在诗文里的名字却远远早于清代。

凤仙花

唐·吴仁璧

香红嫩绿正开时，冷蝶饥蜂两不知。
此际最宜何处看，朝阳初上碧梧枝。

这首诗的意思是：当凤仙花的叶子嫩绿、花朵盛开时，蝴蝶和蜜蜂却不知。这正是欣赏花的大好时机。如果你随便一瞥，那不叫欣赏。如何看才叫欣赏呢，当然是朝阳初上照着那青青梧桐枝的时候。花似凤凰，翘然欲飞，此情此景，岂能少了梧桐！

仔细品读诗中的信息,凤仙花开,蝴蝶和蜜蜂两不知,不应该呀,它们为什么不来采蜜?也许作者观赏时,蝴蝶和蜜蜂在别处吧!

到明代,李时珍给出答案。

本草纲目

明·李时珍

"人采其肥茎,以充莴笋。嫩华酒浸一宿,亦可食。但此草不生虫蠹(dù),蜂蝶亦不近,恐亦不能无毒也。"

这段话的意思是:它肥嫩的茎可以当莴笋吃,初生的花在酒里泡一宿也可以吃。然而凤仙花不生蛀虫,蝴蝶和蜜蜂也不靠近,恐怕它不可能没有毒。

至于凤仙花有没有毒,李时珍仅是猜测。

凤仙花的花瓣不是平面的,而是立体的。从正面看,最上方的"头盔"是一片特殊花瓣,叫"旗瓣";两边的"衣领加裙摆"叫"翼瓣",各由上方的一片小花瓣与下方的一片大花瓣合成。

从侧面看,凤仙花像漂亮的"巫师帽"。前面的"帽檐"由上述花瓣拼成;后面浅色的"帽尖"是特殊的萼片,在植物学上叫"唇瓣"。从"帽尖"的最尖端伸出一根细长且下弯的"小尾巴",在植物学上叫"距",里面藏着美味佳肴——专门用来款待昆虫的花蜜。

正因为花蜜的位置非常特殊,所以蝴蝶和蜜蜂才不来光顾。

凤仙花的花瓣含有红棕色色素,可以染指甲和染布。种子成熟后,用食指轻轻一弹就发射出去,因此凤仙花又叫"急性子"。

凤仙花点染手提袋、扎染帐篷

凤仙花也叫指甲草、小桃红，是庭院中常见的草本植物。花朵开放在夏天和秋天，颜色多样，有单瓣和重瓣之分。花瓣捣碎加入明矾，均匀涂在指甲上，用叶子包裹一夜，第二天指甲就会变成红橙色，并会保持数月。本章运用的染色方法是点染，即使煎煮萃取的染料倒入不同的容器，并分别加入不同的媒染剂，用毛笔在手提袋上随意点画。

材料和工具准备：

染料： 凤仙花 300 克。

被染物： 白色棉麻手提袋 3 个、白色棉麻帐篷 1 个。

媒染剂： 明矾 2 克、绿矾 2 克、蓝矾 2 克、石灰 2 克。

工具： 电磁炉 1 台、厨房用电子秤 1 台、过滤网筛 1 个、不锈钢长筷子 1 双、水粉笔 4 支、橡皮筋若干、不锈钢盆 2 个、玻璃盆 4 个。

染前准备：

1. 把凤仙花干花瓣浸泡在水中 20 分钟。

2. 用橡皮筋为帐篷扎若干个大大小小的结。

染色步骤：

1. 提取染液：把浸泡凤仙花花瓣的水盆置于电磁炉上，清水没过花瓣，开火煮至沸腾后转小火继续煮 30 分钟。

2. 过滤染液：过滤染液倒到另一个不锈钢盆中，冷却至 50℃ 左右。

3. 制作媒染液：4 个玻璃盆中分别倒入温水，把明矾、绿矾、蓝矾、石灰分别放入 4 盆清水中，充分搅拌使其溶化，获得媒染液。

4. 每个盆中放 1 支水粉笔，根据自己的设计在 3 个白色包上用 4 种染液点画，颜色会晕染开，形成自然的图案。

5. 在帐篷扎结处用有媒染剂的染液浸泡，4 种染液结合使用。

6. 晾晒：在遮阳通风处晾干点染和扎染过的手提包和帐篷。

● 凤仙花点染的手提袋

● 凤仙花扎染的帐篷

洋葱：流泪的故事

洋葱是普通的蔬菜，当人们剥开它时，不由得泪流满面。难道它在述说什么故事吗？是的，它希望有人听，有人懂。

它的原产地是古埃及。公元前一千年的古埃及石刻中有洋葱的图画，距今三千多年。这说明洋葱的历史很悠久。

和青菜比，洋葱十天半月放不坏，自动保鲜功能强。这是因为洋葱的祖先最早生活在干旱、炎热的沙漠地区。为了活着，它非常珍惜来之不易的一点点营养和一滴滴水。这几乎是上苍的施舍！洋葱的祖先在感恩的同时就用层层鳞片叶包裹起来，不让水蒸发掉。长年累月就长成这种特殊结构。虽然现在生长环境极好，但从祖先那里传承下来的"良好习性"不能丢，代代相传。

洋葱为什么害人流泪？不流泪不行吗？不行。即便铁石心肠的人也"为之动容"。洋葱的底线是"人不犯我，我不犯人；人若犯我，我必反击"。当组织被撕裂时，它立刻释放一种浓烈的辛辣气味进行反击。这种气味能够刺激动物的嗅觉，刺激动物的眼睛，使之流泪不止。其战术迫使动物知难而退，放弃继续侵犯。然而，洋葱万万没想到人会吃它。被吃之前，切开或剥开它的人都会泪流满面，自觉或不自觉地被"感动"。

在植物学上，洋葱不是根而是鳞茎。鳞茎是地下变态茎的一种，呈球状，内里储藏着丰富的营养物质和水分。洋葱作为蔬菜遍及全球，深受人们喜爱，尤其深受印度人喜爱，有诗为证。

远行的洋葱

[印度]内奥米·谢哈布·奈伊

当我想到洋葱走过多么遥远的路程，
今天能够进入到我的菜里，
我真该祈祷。
这被人忽略的小小奇迹，
在湿漉的砧板上脱去易碎的外皮，
一层层排列起来，
随着刀锋的滑动，
洋葱在砧板上裂开倒下，
一段历史由此形成。
我绝不抱怨洋葱，
弄得我眼泪直流。
眼泪流得恰到好处，
为了一些细小和被人遗忘的事情。
当我们坐在餐桌旁吃饭，
评论着肉的质地或调料的滋味，
却从不顾及那若隐若现的洋葱。
它已然垮下，
已然破碎，
但这正是它光荣的传统历程：
为了他人，自己献身。

另外，洋葱还有一个功能，外面的洋葱皮可以变废为宝，做染材染衣物。

洋葱皮染帆布包

很多人听说洋葱皮也能染色时很惊讶，继而认为洋葱皮染出的颜色一定是洋葱皮的颜色。其实不然。紫洋葱皮和黄洋葱皮染出的颜色也不一样哟！

洋葱皮很出色，所以可以煮两到三次，得到的染液混合后使用。当然，如果想要更浓的颜色，只用第一遍获得的颜色即可。如需颜色淡些，可减少洋葱皮的用量。

洋葱皮的收集，除了自家厨房用洋葱剩下的，还可到菜市场，需要更多则可以到蔬菜批发市场。洋葱皮的色牢度很高，使用洋葱皮染色，可谓是植物染界变废为宝的典范了。

洋葱肉可以染出相对浅一些的颜色，染色爱好者也可尝试。

材料和工具准备：

染材： 紫色洋葱皮200克。

被染物： 帆布包2个、T恤2件。

媒染剂： 明矾2克、绿矾2克。

工具： 电磁炉1台、厨房用电子秤1台、过滤网筛1个、不锈钢长筷子1双、皮筋若干、不锈钢盆2个、玻璃容器2个。

染前准备：

1. 清洗洋葱皮上的浮尘。

2. 在每个帆布包一角用捆扎法扎出想要的图案。

3. 帆布包入约40℃温水中

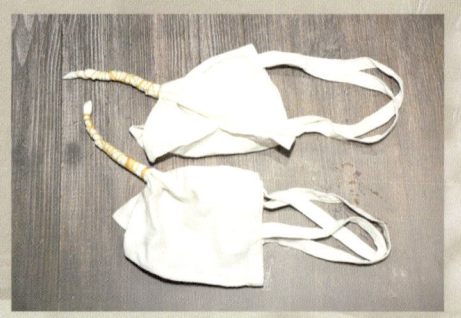

浸泡至少20分钟。

染色步骤：

1. 提取染液：把清洗过的洋葱皮放进不锈钢盆中，加水没过洋葱皮。开火，水开后转小火煮30分钟。

2. 过滤染液：过滤到两个玻璃盆中，得到染液。染液冷却到50℃左右。

3. 制作媒染液：将明矾和绿矾分别放入温水盆中，搅拌至完全溶解。

4. 手拿帆布包，把扎结的部分放入染液浸泡20分钟以上，未扎结的部分不入染液，呈现出留白的效果。（染T恤为同样的方法）

5. 清洗：清洗浸染部分，至水清澈。

6. 晾晒：在遮光通风处晾干。

◌ 洋葱皮染的帆布包和T恤

石榴：为什么种观赏石榴

石榴从用途上分两种，一种是食用石榴，一种是观赏石榴。观赏石榴的果实小，不甜，没有食用价值。既然如此，我们为什么还要种它？

在揭谜前，我们先了解石榴的历史。

石榴又叫安石榴。安石榴非中国本土植物。它与汉武帝派出的使者张骞有关。西晋张华的《博物志》记载"汉张骞出使西域，得涂林安石国榴种以归，故名安石榴"。安石国即安息国，位置在今天的伊朗、阿富汗一带。涂林是安石榴的另一个名字。南北朝时期的贾思勰在《齐民要术》中引述西晋文学家陆机的话："陆机曰'张骞为汉使外国十八年，得涂林。涂林，安石榴也。'"

以上记载足以说明安石榴因为张骞"移民"而来。

汉武帝死后，刘歆（xīn）写的《西京杂记》中记载"初修上林苑，群臣远方各献名果异树，有安石榴十株"。它提供的信息是，石榴的种植仅限于皇家上林苑。汉武帝开个好头，此后石榴多出现在皇家庭院中，有文人雅士为它写诗。

弃妇诗(节选)

三国·魏·曹植

石榴植前庭,绿叶摇缥青。
丹华灼烈烈,璀彩有光荣。
光荣晔流离,可以戏淑灵。
有鸟飞来集,拊翼以悲鸣。
悲鸣夫何为?丹华实不成。

这是一首以弃妇的口吻诉说自己不幸遭遇的诗。大意是说:石榴种在庭院前,绿叶摇曳,红花似火,璀璨耀眼。石榴花光彩纷繁,神灵都愿意在此歇息。忽然一只飞鸟落在树上,扇动翅膀而悲鸣。悲鸣这棵树只开花不结果。在古代,如果妇女婚后不能生娃是一种罪过,是要被遣回娘家的。

这首诗的开头就把安石榴的"安"字省略,直呼石榴。这说明"石榴"之名至少在三国或曹魏时期已经普遍使用。

侍宴咏石榴

唐·孔绍安

可惜庭中树,移根逐汉臣。
只为来时晚,花开不及春。

这首诗的意思是:庭院中可爱的石榴树跟随张骞从西域移植中原,只因落户时间比其他植物晚,所以赶不上春天开花。它开花时,已是夏初,无法同其他植物媲美。

诗人孔绍安和夏侯端都是隋朝的御史。后来李渊反隋称帝建立唐朝。夏侯端首先归顺，李渊授予他秘书监，是三品官。而孙绍安归顺晚些，被授予内史舍人，是五品官。这天，他前来赴宴应邀作诗，夏侯端也在场。诗人以石榴自喻，发出"只为来时晚，花开不及春"的感慨。这句诗历来被后人引用，成为表达"怀才不遇"或"大材小用"的名言。

　　诗中透露的信息有两点：一、石榴花开在夏初。二、从汉至唐，皇家庭院比较器重石榴树，否则诗人亦不会拿石榴自喻。

　　既然石榴如此重要，它什么时候从皇家流落民间？大约在东汉。东汉的张仲景在《金匮要略》中记载："樱桃、杏多食伤筋骨。安石榴不可多食，损人肺。胡桃不可多食，令人动疾饮……"从"不可多食"可推断，张骞从西域带回的安石榴已经传入内地，到了寻常百姓家，成为随处可见、随时可吃的普通水果。

题榴花

唐·韩愈

五月榴花照眼明，枝间时见子初成。
可怜此地无车马，颠倒青苔落绛英。

　　这首诗的意思是：五月的石榴花映入眼帘格外鲜明，枝叶间偶尔露出初生的小果。可惜没有达官贵人乘车马前来观赏，红红的石榴花只好落寞地躺在青苔上。

　　这首诗反证"物以稀为贵"，说明达官贵人对石榴花的态度司空见惯。

　　现在回到本文开头，既然观赏石榴不好吃，我们为什么要种它？答案是无论开花和结果，它给人的是喜庆和愉悦之感。观赏石榴的花期是五到十月，食用石榴的花期是五到六月。无论观赏的还是食用的，石榴花的寓意是美丽和富贵，石榴籽的寓意是多子多孙。石榴有如此美好的寓意和祝福，国人对它的喜欢自然不在话下。

石榴皮染束口袋

石榴在中国文化中占有不可小觑的地位。"榴开百子""多子多孙"都是石榴的象征意义。石榴籽美味多汁，营养丰富。石榴皮除了有抗氧化、改善消化、维护心血管健康、驱虫等药用价值外，还是植物染中色牢度很高的染材，可以染出黄色、褐色、灰色等颜色。

秋天是石榴丰收的季节，可以实现石榴皮染色自由了。如果收集的过多或当下没有时间染，可以将石榴皮自然晾干，随用随取。

材料和工具准备：

染材： 干石榴皮 100 克。

被染物： 2 个白色束口袋（纳物袋）。

媒染剂： 明矾 2 克、绿矾 2 克。

工具： 电磁炉 1 台、厨房用电子秤 1 台、过滤网筛 1 个、不锈钢长筷子 1 双、细麻绳或者皮筋若干、不锈钢盆 2 个、玻璃盆 2 个。

染前准备：

1. 将石榴皮掰成小块浸泡 20 分钟。

2. 在束口袋上以捆扎法扎花。一个扎在束口袋下端，一个扎在束口袋中间部分。要扎紧，得到的图案更清晰。

3. 把扎过花的束口袋浸泡在约 40℃ 温水中至少 20 分钟。

染色步骤：

1. 提取染液：将浸泡过的石榴皮水盆置于电磁炉上，清水没过石榴皮，开火。水沸腾后转小火煮 30 分钟。

2. 过滤染液：过滤出石榴皮，获得染液。把扎好花的束口袋放进石榴皮染液中煮约 20 分钟。

3. 制作媒染液：煮染时制作媒染液。把明矾和绿矾分别放入两个温水盆中，充分搅拌，使其溶化。

4. 浸泡：从染液中取出两个束口袋，分别放在明矾、绿矾媒染液中媒染，可以看到束口袋着色越来越多，颜色越来越深，媒染时要不时翻动，使着色均匀，觉得颜色满意后就可以取出了。

5. 清洗：清洗多余的媒染液，至水清澈。

6. 晾晒：在遮光通风处晾干。

● 石榴皮染的束口袋

紫甘蓝：一个人的心

紫甘蓝瓷实地包裹着心，因此又叫紫包菜、紫卷心菜。它可以生吃，也可以熟吃。原产地在地中海沿岸。

紫甘蓝是大自然的绚丽馈赠。名字里的"紫"来自叶子的颜色；"甘"源于口味稍甜；"蓝"是因为它和中国本土植物菘蓝有点像，它们都是十字花科的植物，叶子都是基生的，因此借用"蓝"字。菘蓝让人感觉比较陌生，但一说板蓝根大家就明白。板蓝根是菘蓝的另一个名字。

在生活中，紫甘蓝不仅为我们的餐桌增添色彩，更是健康的保证。它富含维生素和矿物质，对身体有益。它是维持免疫系统、促进眼睛健康和消化的良好食材，被世界卫生组织推荐为排名比较靠前的食用蔬菜。

当你细嚼慢咽时，会感受到它的爽脆口感和独特风味。无论怎么烹饪，它都营养丰富。尤其作为沙拉中的一道配菜，保持原汁原味，营养更容易被人体吸收。

紫甘蓝是一种染材，可制作彩色面条、饺子皮，或者用于染色食品，使得普通的饭食有艺术的美感。紫甘蓝叶子里的花青素是比较活跃的元素，遇热就掉色；遇酸性物质就变红；遇碱性物质就变蓝；遇中性物质时依旧是紫色。

紫甘蓝是一首诗。

紫甘蓝：一个人的心

原草

一个人上学
一个人赶路
一个人听风儿
一个人听雨
我一点儿都不孤单
我的心像紫甘蓝
装得满满

一个人放学
一个人回家
一个人赏夕阳
一个人赏花
我一点儿都不孤单
我的心像紫甘蓝
装得满满
风跑了
跑到哪去了
我把它装进心里啦
雨停了
停到哪去了
我把它装进心里啦
夕阳来了又走了
走到哪去了
我把它装进心里啦
花开了又落了

落到哪去了
我把它装进心里啦

我呢,我哪去了
我把我装进心里啦

  这首诗的意思是:每个人虽然是孤单的,但和世间万物是有联系的。我们爱世间一切美好的东西,将它纳入心底。与此同时,我们也是美好之一,所以要爱自己哟。

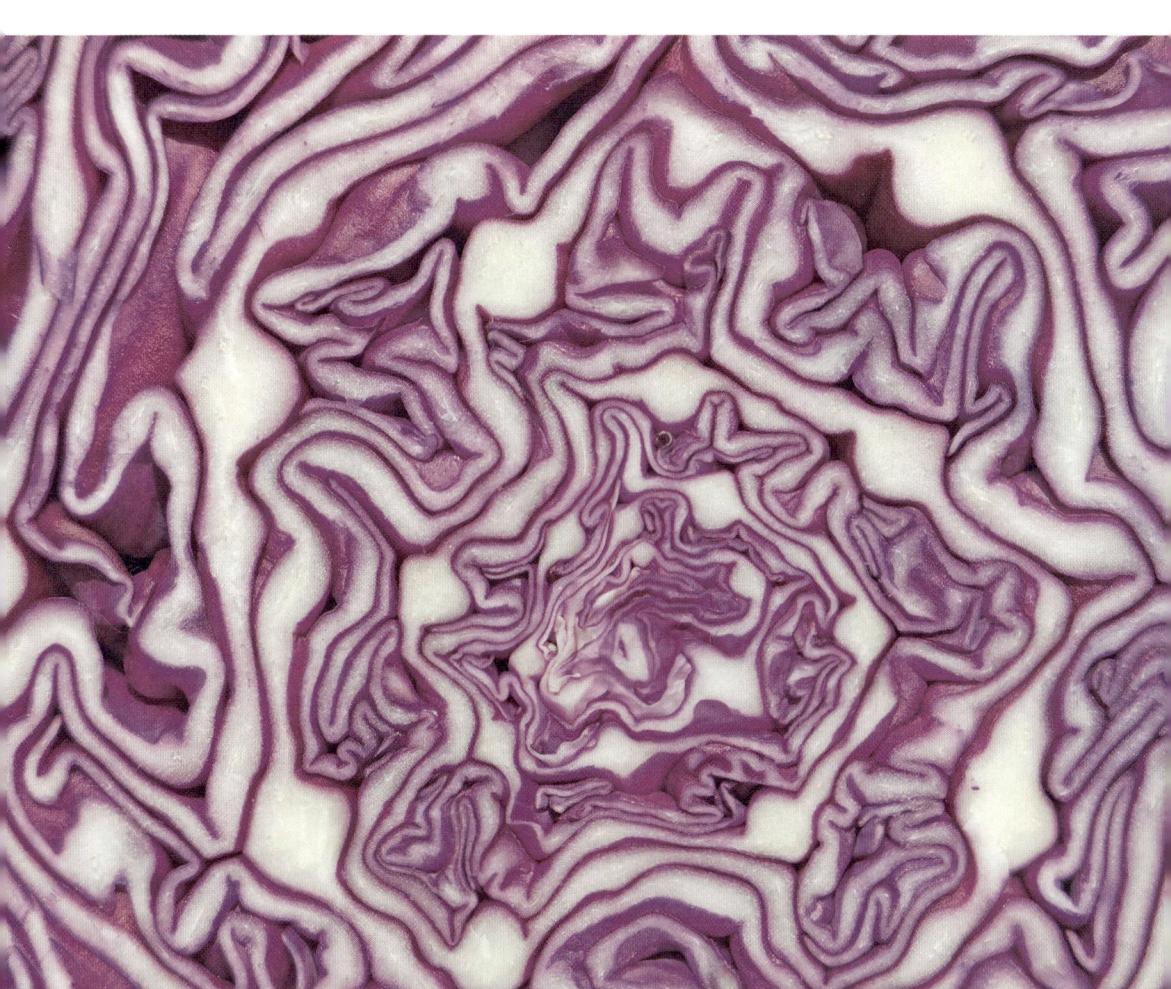

紫甘蓝染丝巾

紫甘蓝富含花青素及多种维生素，有益于保护视力和皮肤健康，能为身体提供多方面的营养。紫甘蓝染色可以在厨房进行，媒染剂也可就近取材，明矾、白醋、小苏打都能使紫甘蓝的染液瞬间变成另外的颜色，淡紫、浅绿、粉红，每一种颜色都柔美轻盈。

材料和工具准备：

染材： 紫甘蓝1个。

被染物： 丝巾若干条。

媒染剂： 明矾2克、绿矾2克、小苏打2克、白醋少许。

工具： 电磁炉1台、厨房用电子秤1台、过滤网筛、不锈钢盆1个、玻璃盆5个、不锈钢长筷子1双。

染前准备：

1. 把紫甘蓝掰成小块儿。

2. 把白色丝巾在约 40℃ 温水中浸泡至少 20 分钟。

染色步骤：

1. 提取染液：把掰成小块儿的紫甘蓝放进盆里，加清水没过紫甘蓝，开火煮，水沸后转小火，再煮 30 分钟左右。

2. 过滤染液：把染液平均过滤到 5 个玻璃盆中，冷却至 50℃ 左右。

3. 制作媒染液：把明矾、绿矾、白醋、小苏打分别放进 4 种媒染液中，充分搅拌使其均匀。其中一个盆不放媒染剂。

4. 浸泡：不同染液中各放两条丝巾浸染 30 分钟，使色素充分渗入丝巾纤维中。其间不时翻动，使着色均匀。

5. 30 分钟后取出每个盆中其中的一条，另一条继续浸染，30 分钟后取出。

6. 清洗：先取出的丝巾清洗浮色，洗至水变清澈。

7. 晾晒：后取出的丝巾清洗浮色后晾干。

黄栌：这棵树冒烟了吗

黄栌的"黄"指树木的横切面是黄色，"栌"是木的意思。这两个字连起来意思是黄色的木材。

阳春三月，植物们争先恐后地开花。跑得快的，三月初粲然盛开，如望春玉兰；跑得慢的，在乍暖还寒的四月优雅怒放，如牡丹。黄栌不慌不忙、不争不抢地待在明媚的五月出场。它是"不鸣则已，一鸣惊人"的那种。它一开花，动静搞得非常大，整棵树在冒烟，蝴蝶和蜜蜂纷纷跑来"救火"。跑到跟前才知道，这些红紫色的"烟"是花。这些花细小柔软，又密集成团，远远望去如红雾升腾，如紫烟弥漫，仿佛绿树生烟一般，因此又叫烟树。

勤劳而智慧的中国人给植物起名向来采用"形象命名法"，即"外表"像什么就叫什么。烟树的名字来自花色和形状。顶生的圆锥花序有可育花和不育花。可育花的花梗挂着绿色"小豆豆"。不育花的花梗长着疏松的红紫色毛毛，正是它们如袅袅云烟。

黄栌的红花弥漫整个夏季。

秋天是掐着时间来的化妆师。时间一到，他不由分说地给不同种类的树木换装，让它们的叶子变黄、变红，如黄栌、火炬树、黄连木和鸡爪槭等。"化妆师"并非一视同仁。他尤其喜欢黄栌，在打扮它时特别偏心，因此黄栌成为众多红叶树木中的佼佼者，独享"红叶"之名，比如香山红叶、嵩山红叶、长寿山红叶皆如是。

◉ 河南省巩义市长寿山风景区

黄栌染色制作拼布手提包

黄栌又称"红树叶""黄道栌",秋天漫山遍野的红叶大多都是黄栌的叶子。黄栌根和枝叶都可入药,有清热解毒、消炎散瘀和止疼等作用。黄栌在古代主要用于宫廷服饰的染色,是染黄色的经典染材。

材料和工具准备：

染材： 黄栌 150 克。

染色物： 白色棉布 3 块。

媒染剂： 明矾、蓝矾、绿矾各 2 克。

工具： 电磁炉 1 台、厨房用电子秤 1 台、过滤网筛、不锈钢盆 1 个、熨斗 1 个、玻璃盆 3 个、针线 1 套、不锈钢长筷子 1 双。

染前准备：

1. 浸泡黄栌 20 分钟。

2. 白色棉布分成三块，在约 40℃ 温水中浸泡至少 20 分钟。

染色步骤：

1. 提取染液：浸泡过的黄栌水盆置于电磁炉上，加水。开火，水开后转小火煮40分钟。

2. 过滤染液：过滤出黄栌残渣，获得染液。

3. 把3块棉布放入染液煮染30分钟，其间不时翻动，使着色均匀。想要颜色更深，可捞出棉布漂洗后再次或者多次煮染。

4. 制作媒染液：把明矾、蓝矾、绿矾分别放进温水盆中，充分搅拌至溶解。

5. 浸泡：把3块煮染过的棉布分别放进3种媒染液中媒染30分钟左右。

6. 把媒染过的布块在3个清水盆中媒染30分钟，其间不时翻动，防止出现色斑或者染色不匀现象。

7. 清洗：清洗多余浮色，至水清澈。

8. 晾晒：在遮光通风处晾干。

9. 把染好的布熨烫平整。

10. 用染好的布制作成拼布小手提包。

● 黄栌染色制作拼布手提包

核桃：是张骞带的货吗

核桃又叫胡桃。但凡名字里带"胡"字的植物，都会让我们想起一个历史人物张骞。他出使西域，归国后带的植物里有一批"胡"字打头的，如胡萝卜、胡蒜(大蒜)、胡瓜(黄瓜)、胡桃(核桃)、胡麻(油麻)、胡豆(蚕豆)、胡荽(香菜)等。毫无疑问，核桃"移民"中国后，深受人们喜爱。

胡 桃

宋·释普济

枝头叶底不能藏，独脱无依未厮当。
一击浑身如粉碎，不堪收拾始馨香。

这首诗的意思是：茂盛的枝叶藏不住青青的果子，脱去硬硬的外壳后更没有什么可以遮挡。一拳下去果子就被击得粉身碎骨，不能收拾的核桃仁弥漫着阵阵芳香。

在树上时，核桃皮是青色的。果皮里含有单宁等物质，一旦破损，遇到氧气就极容易氧化变黑。它具有很强的着色能力，不小心弄到手上、衣服上都会染黑，洗都洗不掉。

成熟后的核桃仁到底能不能补脑？因为它表面凹凸不平，充满沟壑，像人的大脑，于是人们想象它可以补脑。虽然它有营养，但实际上并不补脑，也不会提高智商，就像花生的叶子晚上"睡觉"但并不治疗人们失眠是一样的道理。

本草纲目

明·李时珍

　　此果外有青皮肉包之，其形如桃，胡桃乃其核也。羌音呼核如胡，名或以此。

　　这段话的意思是：胡桃有一层青色的果皮，貌似青色的桃。胡桃的胡是"核（hú）"，羌人读"核"是"胡"，把核桃读成胡桃，这或许是胡桃名字的由来。

上元竹枝词

清·符曾

　　桂花香馅裹胡桃，江米如珠井水淘。
　　见说马家滴粉好，试灯风里卖元宵。

　　上元指上元节，即正月十五的元宵节。在古代，元宵节的前一天必须把第二天要用的灯点亮试试，谓之"试灯"。这天叫"试灯日"，以确保元宵节晚上每盏灯都安然无恙。
　　这首诗的意思是：香甜的桂花馅里裹着核桃仁，用井水来淘洗像珍珠一样的江米，听说马思远家的滴粉元宵做得好，这不，他们趁着试灯的光景，在大声吆喝着卖元宵呢。

核桃的原产地来自西域是普遍的认知，直到 1972 年磁山遗址被发现，这个结论才被颠覆。中国考古学家在这里挖出距今 7000 多年前的炭化核桃，说明核桃是中国本土植物。只是当时信息闭塞，不被世人所知而已。

磁山遗址出土的碳化核桃将中国出产核桃的记载往前推了 5000 多年。

核桃是张骞带的货吗？是，同时也不是。中国疆土辽阔，某些地区是张骞带来的，某些地区是土生土长的。

核桃、榛子、杏仁和腰果是世界上的四大坚果。核桃外形别致，常被人拿在手中把玩。流行于民间的俗语有"核桃不离手，能活八十九，超过乾隆爷，阎王带不走"。

核桃皮染围裙

核桃浑身都是宝，果肉是滋补佳品，核桃青皮也是一味中药，名叫"青龙衣"。对于植物染爱好者来说，核桃的树皮、核桃果的青皮和硬壳、核桃叶子均可用来染色，而且色牢度也比较高。

材料和工具准备：

染材： 青龙衣300克（鲜核桃青皮亦可）。

被染物： 白色棉布围裙1条。

媒染剂： 绿矾3克。

工具： 电磁炉1台、厨房用电子秤1台、过滤网筛1个、不锈钢长筷子1双、不锈钢桶2个。

染前准备：

1. 把青龙衣入清水盆中浸泡20分钟。

2. 把围裙浸泡在约40℃温水中至少20分钟。

染色步骤：

1. 提取染液：把浸泡青龙衣的水盆置于电磁炉上，添清水没过青龙衣，开火煮至沸腾后转小火继续煮30分钟。

2.过滤染液：过滤染液到另一个桶中。

3.制作媒染液：把绿矾放入染液中充分搅拌至完全溶化。

4.浸泡：把围裙放进染液中浸染10分钟，其间用长筷子不时翻动，使着色尽量均匀。

5.把放有围裙的染液桶放电磁炉上开火煮染20分钟，取出清洗浮色后，再次放染液中煮染20分钟。

6.清洗：取出围裙，清洗多余浮色，至水清澈。

7.晾晒：在遮阳通风处晾干。

◉ 核桃皮染的围裙

野菊花：江山代有菊花出

菊花是中国十大传统名花之一，也是"梅兰竹菊"四君子之一。自古以来备受人们喜爱。

花市上，菊花的品种繁多，但最初均以野菊花的样子出现。

追逐历史，野菊花何时"进化"到宋代词人李清照的"帘卷西风，人比黄花瘦"的呢？

战国时期，屈原的《离骚》里有"朝饮木兰之坠露兮，夕餐菊之落英"的文字。这句话的意思是，早晨我喝的是玉兰叶子上的露水，晚上我吃的是刚刚掉落的菊花花瓣。

此后，成书于东汉的《神农本草经》中有"久服，利血气，轻身、耐老延年。菊花晚开晚落，花中之最寿者也，故其益人如此"。明确指出菊花有药用价值，并有延年益寿的功效。

接着，晋代开始出现人工栽培的菊花。陶渊明的"采菊东篱下，悠然见南山"就是例子。人们通过几种野生菊之间的天然杂交，再经过人工长期选育而培养出后来的观赏菊。

到唐代，菊花的种植更为普遍。

九月十日即事

唐·李白

昨日登高罢，今朝更举觞。
菊花何太苦，遭此两重阳？

古代的九月初九是重阳节，历来有采菊宴赏的习俗，重阳后一日的宴赏是小重阳。菊花两遇宴赏，两遭采摘，所以李白感慨，菊花如此太苦，竟然遭遇两个重阳的采折之罪。

菊花

唐·元稹

秋丛绕舍似陶家，遍绕篱边日渐斜。
不是花中偏爱菊，此花开尽更无花。

这首诗的意思是：秋天一丛丛的菊花绕着房屋盛开。看起来这里好似陶渊明的家，我绕着篱笆边走边观赏，不知不觉太阳快要下山，可我还没有欣赏够呢。不是我这个人在百花之中偏爱菊，而是因为菊花开过后，便不会有更好的花。

这首诗是唐代的元稹写的，他在家中排行第九，被称为元九，他和白居易是挚友和知己。

禁中九日对菊花酒忆元九

唐·白居易

赐酒盈杯谁共持,宫花满把独相思。
相思只傍花边立,尽日吟君咏菊诗。

这首诗的意思是:赏赐的美酒满满一杯,这是多么高兴的事儿!遗憾的是你不在我身边,不能与我共同举杯。宫中的菊花,我整把地握在手中,却堵不住我对你的相思之苦,我只好站在花旁,一整天都在想你,反复吟唱你写的菊花诗。

白居易和元稹之所以情深义重是因为他们科举考试同时考上,起初在一个朝堂里上朝。他们很有才华,又彼此欣赏,而且一起倡导新乐府运动。

到宋代,兴起专供观赏栽培的艺菊。菊花由田园栽培过渡到家庭盆栽和鉴赏,并且培育菊花的技术大大提高,品种数不胜数。这一时期是菊花从药用转为园林观赏的重要时期。李清照在自家庭院就能欣赏弯弯曲曲的菊花,自然就有"人比黄花瘦"的佳句。

从宋代至今,菊花已经"定型",所不同的是更多的艺菊出现,但菊花的形态变化不大。如果论其食用和药用价值,还是它们的祖先野菊花更胜一筹。

野菊花染沙发毯

秋风拂面的十一月，也是野菊花肆意绽放的时候。田野里、山坡上、岩石间，一丛丛的野菊花在风中起舞，热情率真，不卑不亢，成为秋天里清新、温暖的存在。菊花茶好喝，菊花作为染材，在萃取染液的时候，满屋的菊香也甚是受用。

材料和工具准备：

染材： 干野菊花花朵 500 克（鲜花亦可）。

被染物： 1 块白色沙发毯和 2 块沙发扶手巾。

媒染剂： 蓝矾 10 克。

工具： 电磁炉 1 台、厨房用电子秤 1 台、过滤网筛 1 个、不锈钢长筷子 1 双、不锈钢桶 2 个。

染前准备：

1. 把菊花干花瓣放入清水盆中浸泡 20 分钟。

2. 把沙发毯浸泡在 40℃ 温水中 30 分钟以上。

染色步骤：

1. 提取染液：桶中放入野菊花，倒入清水没过菊花，开火煮沸后转小火煮 30 分钟。

2. 过滤染液：过滤染液到另一个不锈钢桶中，冷却至 50℃ 左右。

3. 制作媒染液：把蓝矾放进染液后充分搅拌，获得媒染过的染液。

4. 浸泡：把浸泡过的沙发毯和沙发巾放进染液中，浸泡 30 分钟以上，其间用不锈钢长筷子不时翻动，使着色尽量均匀。如果希望更浓重的颜色，可增加浸泡时间。

5. 清洗：取出沙发毯，清洗多余浮色，至水清澈。

6. 晾晒：在遮阳通风处晾干。

○ 野菊花染的沙发毯

乌桕：叶子为什么会变红

每年秋天，乌桕树上同时出现绿色、黄色、红色以及各自的渐变色。五彩缤纷的叶子给人美的享受，也给诗人们无限的遐想和灵感。

小溪秋色

唐·李白

枫香乌桕两相依，红叶随风伤别离。
群鸭岸边勤对镜，旧装渐褪换新衣。

这首诗的意思是：一棵枫香和一棵乌桕相伴生长。哪知秋风无情地将它们的红叶分离，令人多么感伤。溪水岸悠闲的鸭子在扎堆儿，它们以水为镜、孤芳自赏。殊不知换毛季到了，它们即将褪去"旧装"换上"新衣"。

乌臼是乌桕的古名。叶子之所以变色是由色素的种类和数量决定的。叶子中的叶绿体含有三种色素，分别是叶绿素 a、叶绿素 b 和类胡萝卜素。叶绿素 a 是蓝绿色，叶绿素 b 是黄绿色。这两种色素的总和与类胡萝卜素的比例是 3:1，如此一来，叶子呈现绿色。类胡萝卜素的颜色被覆盖，我们肉眼看不见。等到秋天降温后，叶绿素合成的速度大打折扣，旧的去了，新的还没有造出来。这时，一直"守株待兔"的类胡萝卜素开始大显身手。类胡萝卜素包含的黄色的叶黄素和橙黄色的胡萝卜素所占的比例很高，所以叶子就变黄。

大多数树木都是这样变色，至于乌桕接下来又变红是因为叶子里含有花青素。花青素又叫花色素，是广泛存在于开花植物（被子植物）中的水溶性天然色素。它的含量会因为植物品种不同、气温不同和成熟度不同而有很大差别。

花青素是紫红色，平时非常活跃，在叶子中仅存几个小时就被分解。到秋天，它摇身一变成为一种性格稳重、不易分解同时又呈现红色的"花青素苷"。这就是它夏天不变红而秋天变红的原因。

溪轩即事

宋·何筹斋

小立溪窗下，山光晚不同。
清秋霜未降，乌桕叶先红。
桥影涵深水，钟声挟远风。
闲情谁领会，吟处倚梧桐。

这首诗的意思是：黄昏的时候，我在溪边的窗下站一小会儿，就发现山上的光景呈现不同的风采。清秋时节，霜露还没有降临，而乌桕的叶子已经变得红艳。桥的倒影映在深深的溪水里，幽静的钟声随着远风而来。谁能体会我此刻的心情？也罢，我独自享受，靠着梧桐惬意地浅吟低唱。

叶子落尽，乌桕的果子高悬枝头，也是一景。元代的黄镇成写诗说"前村乌桕熟，疑是早梅花"，说明乌桕的白果有点像梅花。现代人说它像爆米花，因此乌桕又叫爆米花树。

乌桕是药用植物。果子上附着的白色蜡状物称为皮油，可制蜡烛、肥皂等；木材可做家具等；叶子可做染材染衣物。

乌桕染布制作茶席和杯垫

乌桕开花前采集其新鲜的绿叶,绿矾媒染可获得灰色,多次复染最终可成黑色。明矾媒染则可获得黄色。

材料和工具准备:

染材: 乌桕鲜叶400克(干叶亦可)。

被染物: 2块白色棉布。

媒染剂: 明矾3克、绿矾3克。

工具: 电磁炉1台、厨房用电子秤1台、剪刀、熨斗、过滤网筛1个、不锈钢长筷子1双、不锈钢盆2个、玻璃盆2个、针线1套。

染前准备:

把两块白色棉布浸泡在40度温水中至少20分钟。

染色步骤:

1. 提取染液:盆中放入乌桕鲜叶,倒入清水没过叶子,开火煮至

沸腾后转小火继续煮30分钟。

  2. 过滤染液：过滤染液到盆中。

  3. 把浸泡过水的棉布放进染液中浸染10分钟，其间用长筷子不时翻动，使着色尽量均匀。

  4. 把浸泡着棉布的染液放置电磁炉上，开火煮染20分钟后取出清洗，重新放入20分钟再次煮染。

  5. 制作媒染液：2个玻璃盆中分别倒入温水，把明矾、绿矾放入两盆清水中，充分搅拌使其溶化，获得媒染液。

  6. 浸泡：把染色后的2块棉布分别放入两种媒染液中20分钟，不时翻动使媒染均匀。

  7. 清洗：取出煮染过的棉布，清洗多余浮色，至水清澈。

  8. 晾晒：在遮阳通风处晾干。

  9. 把染好的黄色和灰色的棉布熨烫平整。

  10. 制作成拼布茶席和杯垫。

○ 乌桕染布制作茶席和杯垫

竹：是树吗

竹是树吗？

不是，竹是草。它和狗尾草是一个家族的。因其茎干木质化，被误认为树。

树和草怎么区别？区别在于是否有年轮。树锯断后有一圈圈的年轮，竹锯断后是空的，没有年轮。竹长得非常迅速。春天，雨水好的话，它半个月能蹿几十米。

刮风下雨，它不倒伏吗？

是的。竹的节与节之间有鼓起来的结相连。结是用来承重的，空心的节用来长个子。它含有居间分生组织，能在每段节上不断产生新细胞，使竹迅速长高。竹因为长得直而空，被赋予正直、虚怀若谷的寓意；又因为长得高而不被折断，被赋予不为五斗米折腰的精神内涵。它自古有"君子之风"。

於潜僧绿筠轩

宋·苏轼

宁可食无肉，不可居无竹。
无肉令人瘦，无竹令人俗。

人瘦尚可肥，士俗不可医。

旁人笑此言，似高还似痴。

若对此君仍大嚼，世间那有扬州鹤？

於潜是古代的县名。绿筠轩指竹林。

"此君"出自东晋王徽之的典故。王徽之是书法家，是大名鼎鼎的书法家王羲之的第五个儿子。他酷爱竹。爱到什么程度？曾经借住朋友家，他立即命人种竹，朋友问他干吗？王徽之说"何可一日无此君"，意思是怎么可能一天没有它！此君指的是竹子。

"大嚼"出自三国时期曹丕的典故。曹丕在《与吴质书》中说"过屠门而大嚼，虽不得肉，贵且快意"，意思是从屠夫的门前经过，虽然没钱，也吃不上香喷喷的猪肉，但张大嘴巴，空嚼几下，也是很美的享受呀。

"扬州鹤"出自南北朝时期的殷芸编纂的《小说》里的典故。其中一个故事是这样的：有四个人谈自己的志向。有说想当扬州刺史的，有说想多置钱财的，有说想骑鹤上天成为神仙的，最后那位把前面三人的志向合而为一说想"腰缠十万贯，骑鹤上扬州"，他的志向是发财、升官并且成仙。这就是扬州鹤的典故。

这首诗的意思是：宁可没有肉吃，也不能让住的地方没有竹。没有肉人会变瘦，但没有竹人会变俗。原因是人瘦可变肥，而人俗难医治。旁人嘲笑说，你是清高还是真傻？何苦为难自己，不如二者都选，既吃肉又种竹多好呀！我回答说，既想得竹子般的清高之名，又想得香喷喷的肉食之口福，世间哪有"扬州鹤"这等鱼和熊掌兼得的美事呢？

苏轼喜欢竹。他在岭南生活期间，特意写岭南竹。

记岭南竹

宋·苏轼

岭南人,当有愧于竹。食者竹笋,庇者竹瓦,载者竹筏,爨(cuàn)者竹薪,衣者竹皮,书者竹纸,履者竹鞋,真可谓一日不可无此君也耶!

这段话的意思是:我们岭南人面对竹应该感恩。我们吃的是竹笋,盖房子用的是竹瓦,在水中载着的是竹筏,烧火煮饭的是竹枝,身上穿的是竹皮,书写用的是竹纸,脚穿的是竹鞋,真可以说一天没有这位君子就不行啊!

竹笋可以吃,它是怎么长出来的?

竹的繁殖靠地下茎,它呈簇状生长,也叫竹鞭。每节竹鞭上长着许多根须和小芽。一些小芽发育成竹笋,另一些小芽继续生长,发育成新的地下茎。因此竹可以独"竹"成林。

竹还有一个非常文艺的名字叫汗青。"人生自古谁无死,留取丹心照汗青"的汗青就是竹。在纸发明之前,人们把字写在竹简上。竹是青色的。先把竹的青皮用刀刮去,然后用火烤,让它出汗,称之"汗青"。风干之后即为竹简。这样的竹简便于长期保存。后来许多史书都写在竹简上。

竹叶染毛衫和方巾

材料和工具准备：

染材： 新鲜竹叶 500 克。

被染物： 白色针织衫、白色丝绵方巾。

媒染剂： 蓝矾 5 克。

工具： 电磁炉 1 台、厨房用电子秤 1 台、过滤网筛 1 个、不锈钢长筷子 1 双、不锈钢盆、玻璃盆 1 个。

染前准备：

1. 清洗竹叶上的浮尘。

2. 针织衫和方巾在 40℃ 温水中浸泡 20 分钟以上。

染色步骤：

1. 提取染液：把清洗过的竹叶放进不锈钢盆中，加水，水量没过竹叶。开火，水沸腾后转小火煮 30 分钟。

2. 过滤染液：用过滤网筛获得染液，染液冷却至 50℃ 左右。

3. 制作媒染液：将蓝矾放入染液中，充分搅拌至溶解。

4. 浸泡：把针织衫和方巾放入媒染液中浸染 30 分钟以上，其间

不时翻动，使着色均匀。想要颜色更深，浸染时间可更久一些。

5. 清洗：清洗针织衫和方巾上的多余浮色，至水清澈。

6. 衣撑挂起针织衫，不要用手拧多余水分，而让其自然滴落水分。

7. 晾晒：在遮阳通风处晾干。

◉ 竹叶染的毛衫

苏木：两个身份

自古以来，苏木有两个重要身份，一是药材，一是染材。这两个身份同时出现在《新修本草》里。当时苏木的名字叫苏方木。

新修本草·苏方木

唐·苏敬等人

味甘、咸、平，无毒。

主破血，产后血胀闷欲死者……

此人用染色者……树似庵罗，叶若榆叶而无涩，抽条长丈许，花黄，子生青、熟黑。

这段话的意思是：苏木气味甘、咸、平，没有毒。主治产后出血和产后闷胀欲死的人……

这种树可以染色……它和庵罗长得有点像，叶子和榆叶有点像，而且没有涩味。枝条一丈多长，开黄花。果子没有成熟是青色，成熟后是黑色。

古代医学证明，苏木作为药材具有显著的活血化瘀、消肿止痛的功效。这使得它在治疗多种疾病中成为不可或缺的良药。

需要提醒的是，虽然它是良药，但剂量不同，在药性上会有比较大的区别。剂量少时，它偏向补血行血；剂量大时，它偏向破血逐瘀。

关于它的使用，必须在专业中医的指导下进行。

苏木的另一身份是染材。它含有无色的原色素——巴西苏木素，遇到空气立即氧化为巴西苏木红素，并含有苏木素，可做有机试剂。事实上，早在西晋时，它已经被列为染材。当时的名字叫苏枋。

南方草木状

晋·嵇含

苏枋，树类槐花，黑子，出九真，南人以染绛，渍以大庾(yǔ)之水，则色愈深。

这段话的意思是：苏木的花像槐花，果子是黑色的。南方人用苏木染色，浸泡在大庾（地名）的水中，颜色越发深沉。

这本植物志出版于公元304年。书中记载了生长在我国广东、广西等地以及越南的植物。

中国是世界上最早使用植物染材染色的国家。在周代设有管理染色的官职——染草之官，又叫染人；在秦代设有染色司；在唐、宋设有染院；在明、清设有蓝靛所等管理机构。

苏木主染红色。同样的布料，根据染色的次数、工艺的把控不同，分别染出粉红、桃红、绛红、正红、紫红等，还能染出不同深浅的紫色。如果布料不同，那仿佛打开了另一扇色彩大门。

苏木自身的颜色接近橙色。它长得不高，树上长满小刺，果子像豌豆。也许这些小刺是为了保护果子吧。

苏木染儿童遮阳伞

苏木又叫苏枋,是具有活血化瘀、消肿止痛功效的中药,也常被用于染色。根据媒染剂的不同,可以染出红色、黄色、酒红色、紫黑色等颜色,但色牢度不高。如与其他色牢度高的染材套染,可提高色牢度。

材料和工具准备:

染材: 苏木 500 克。

被染物: 白色棉布儿童遮阳伞。

媒染剂: 明矾 4 克、绿矾 4 克、蓝矾 4 克、白醋 10 克。

工具: 电磁炉 1 台、不锈钢桶 1 个、厨房用电子秤 1 台、过滤网筛、塑料量杯 1 个、绳子 1 根、不锈钢长筷子 1 双、玻璃盆(制作媒染液)5 个、橡皮筋、冰糕棍、木夹子若干。

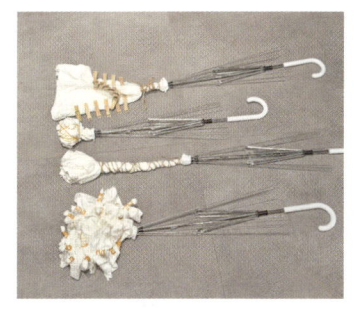

染前准备：

1. 把伞骨一端逐个从伞扣中取出，使伞面和伞骨分离。

2. 提取染液时，在伞面上用皮筋、冰糕棍、绳子等扎花。

染色步骤：

1. 提取染液：盆中倒入清水，随后放入苏木，水开后转小火煮30分钟。

2. 过滤染液：把染液过滤到大量杯中，冷却至50℃左右后，把量杯中的染液平均倒进4个玻璃盆中。

3. 制作媒染液：把明矾、绿矾、蓝矾、白醋分别放进4个盆中，搅拌均匀。另外1个盆保持原液。

4. 浸泡：把扎好的伞面分别放进5个玻璃盆中浸染30分钟，想得到更深的颜色可浸泡更长时间。其间用筷子或者手拨开折叠着的伞面，使着色均匀。

5. 清洗：取出伞面，清洗浮色(分开清洗，防止串色)。去除皮筋、冰糕棍和绳子，洗至水变清澈（记得戴上胶皮水套）。

6. 晾晒：把伞骨逐一安在伞扣上，撑开放在遮阳通风处晾干。

○ 苏木染儿童遮阳伞

关于植物染色说明

染色所需工具材料：

加热工具：

电磁炉：煎煮染材使用。

染色容器：

不锈钢锅：萃取染液、媒染时使用。

不锈钢盆：萃取染液、媒染或漂洗时使用。

不锈钢桶：用于煮染用量多的染材和清洗大的被染织物。

玻璃盆：媒染或浸染时便于观察颜色。

计量工具：

电子秤（以克为单位）：称染材、被染织物和媒染剂的重量。

计算器：计算染材、被染织物和媒染剂的重量。

量杯：测量水和染液。

尺子：用于画线、测量。

过滤工具：

过滤布、不锈钢筛网：用于过滤染液。

搅拌工具：

不锈钢长筷子：用于煎煮染材时搅拌。

不锈钢短筷子：用于溶解媒染剂和浸染以及媒染翻动。

媒染剂：

明矾、绿矾、蓝帆、石灰水、草木灰、小苏打、白醋等。

保护和清洁用品：

手套（胶皮手套或一次性手套）：媒染时使用，避免酸碱伤害和颜色染手，胶皮手套会着色，偶尔使用一次性手套。

围裙和罩袖：避免衣服被染液染色。

抹布：过滤时隔热，擦拭电磁炉和桌面等。

晾晒用品：

晾衣架：被染物染好后放置阴凉处晾干。

夹子：晾晒时使用。

扎染辅助工具：

橡皮筋、绳子、竹筷或者木筷、冰糕棍、玻璃珠或者小石头、夹子、热消笔或者水性笔。

其它工具：

剪刀：不同大小的若干。

小碟子：用于存放称重好的媒染剂。

染后加工工具材料：

缝纫机：车缝布料。

电熨斗：把被染织物熨烫平整，并可根据面料自主选择温度。

针线：用于缝纫。

棉花：用于填充抱枕等被染物。

被染织物：

棉、麻、丝、毛等天然织物。

染色步骤：

1. 染前准备，脱浆处理（市面上销售的织物大部分都经过了杂质清理），生丝类织物则只需清洗即可。

2. 从染材中萃取染液。

3. 过滤出染液进行染色。

4. 洗去浮色。

5. 用媒染剂媒染，达到发色和固色作用。

6. 洗去多余浮色。

7. 在遮阳通风处晾干。

染前准备：

干燥的被染物直接放入染液会因为快速吸收色素而产生染斑，所以需要在40℃左右的清水中充分浸泡，使面料均匀地浸透水分。

染色材料店里出售的织物，一般都进行过精炼处理，染色前只需将被染物放置到清水中浸泡半小时拧干水分即可。本书中用到的老粗布是未经精炼处理的，摸起来很硬，需要用碱或者草木灰的溶液对其煮1个小时左右，煮后的被染物需用清水反复清洗至水清澈。碱水或者草木灰水需是被染物重量的40倍。

提取染液：

提取染液是将染材放入清水中煎煮而提取出色素的过程。染液量一般是被染物的20～60倍。染材称重后研磨细碎、清洗，放入不锈钢桶或盆中，如果被染物较小，一次性加入所需染液的水，染材和水同煮至沸腾转小火，30分钟后用筛网过滤获得染液，染液冷却到50℃左右。如果被染物较大，加入所需染液一半量的水，萃取获得第一次染液，后过滤出染液，再加入等量的水，相同方法做第二次染液萃取，获得的染液和第一次的混合，冷却到50℃左右。

染色方法：

本书中主要用到了植物染最基本的染色方法煮染和浸染，部分被染物还同时使用了扎染。

1. 煮染：拧干水分后的被染物放到冷却后的染液中翻动均匀后开火加热，沸腾后转小火煮20～30分钟，其间不断翻动，使着色均匀。捞出被染物冷却到50℃左右后漂洗浮色。如果此时的颜色比较满意，不再复染。如果希望颜色更浓重更牢固，可再次将被染物放入染液中复染，复染后冷却、洗浮色。根据需要还可第三次复染、第四次复染……如果想得到更浅的颜色，可在染液中加水，降低染液浓度，但染色的次数不可减少，否则色牢度会降低，容易褪色。

2. 浸染：拧干水分后的被染物放到冷却后的染液中浸泡30～40分钟，染液要没过被染物。其间不断翻动，使着色均匀。30～40分钟后，如需颜色更浓重，可根据需要增加浸泡时间。

不管是煮染还是浸染，相同的染料，因为媒染剂的不同，被染物的材质不同，染液的温度不同，放入的顺序不同，染色时间不同，染液或媒染剂的浓度不同，产生的颜色都会有差异。在煮染或浸染的过程中，尽量让被染物一直在染液中，避免和空气过多接触使着色不匀。

3. 扎染

扎染是根据设计，把被染物做折叠、提起、揉抓等动作后，用橡皮筋、线绳、玻璃弹珠、夹子、木棒、木板等对被染物进行捆、绑、夹等处理，使被染物形成各种纹样。需要注意的是：捆、绑、夹等要紧，避免染液渗入，影响纹样效果。而折叠较厚的地方，则要帮助其让染液渗入。扎染后的被染物不能在染液中时间过长，以免渗透太多起不到防染作用。

媒染：

每种染材只能提取出一种颜色的染液。但借助媒染剂，就可以获得多种颜色。所以为了获得更丰富的颜色，也为了提高色牢度，植物染大多都会使用媒染剂。媒染剂是提高染色效果使用的助剂，溶于水的媒染剂作为媒介，起到了"发色"和"固色"的作用。

最常用的媒染剂有明矾、绿矾、蓝矾。用生锈的铁钉、铁丝、铁块等放入家用白醋和水的溶液中完全浸泡，一周后产生的液体可以同样起到和绿色媒染相似的作用。明矾比较难溶化，需先放入其它小一些的容器中，加入少量开水，充分搅拌溶化后加入到盛有40℃～50℃的温水、正常使用的媒染容器中，再次搅拌，充分溶化。绿矾媒染水温20℃即可。丝绸被染物一般是1升水放1～2克媒染剂，棉麻被染物一般1升水2克媒染剂。

同样的染液，同样的被染物，使用不同的媒染剂，可以产生不同的颜色。明矾能使颜色更加鲜艳明丽，根据染材的不同，绿矾能使染色变成深棕、深褐、墨绿或者黑色等深色……

染色的浓度可借助媒染液和染液浓度调整。以羊毛、蚕丝等动物性纤维为例，染淡一些的颜色，媒染剂是被染织物的1%～5%，再深一些可5%～10%，如需更浓重的颜色，比例可提升到

10%～20%，不过使用的浓度过高，被染物的纤维会易断。如果是棉、麻这些植物性纤维，媒染液浓度需提高到动物纤维的1.5倍。

媒染分为前媒染、后媒染、同浴染。前媒染也叫预媒染，是先将被染物浸泡在充分溶解的媒染液中30分钟至2小时，其间不时搅拌，使媒染液中的成分与被染物的纤维充分结合。后媒染是在染色后，将已经着色的被染物浸泡在媒染液中20～30分钟，让媒染液中的成分与染料结合，使发色稳定、牢固。同浴染是把媒染剂直接放入染液，充分搅拌后把被染物放入至少30分钟。

清洗：

完成染色和媒染后，轻轻在水中摆动被染物漂洗去浮色，不可使劲用手揉搓，清洗至水清澈。

晾晒：

清洗后的被染物不要用手拧，用夹子夹着其中一边，在无日照的通风处吊起晾干。